农村电网改造升级工程

10kV及以下项目典型作业危险点预控图册

国网重庆市电力公司　组编

内容提要

随着"十三五"期间新一轮农网改造升级工程的启动，电力行业安全生产的需求也越发旺盛。针对农村电网改造点多面广、位置偏远、作业分散的特点，本书详细分析了农村电网配电网改造施工中存在的危险点，并给出了预防控制措施。全书图文并茂、简单直观、通俗易懂。

本图册共分为13章，包括一般要求、组织措施、技术措施、现场安全交底、高处作业、基础施工、搬运和吊装、立（撤）杆塔作业、放（紧、撤）线作业、交叉跨越及邻近带电导线的作业、低压接户线及装表接电、砍剪树木作业、线路设备安装（拆除）作业。

本图册适合农村配电网工程建设管理人员、施工管理人员、施工作业人员、工程监理人员阅读。

图书在版编目（CIP）数据

农村电网改造升级工程．10kV及以下项目典型作业危险点预控图册 / 国网重庆市电力公司组编．—北京：中国电力出版社，2018.6

ISBN 978-7-5198-2075-6

Ⅰ．①农… Ⅱ．①国… Ⅲ．①农村配电－电力系统－技术改造－中国②农村配电－电力系统－升级－中国Ⅳ．①TM727.1

中国版本图书馆CIP数据核字(2018)第108308号

出版发行：中国电力出版社
地　　址：北京市东城区北京站西街19号（邮政编码100005）
网　　址：http://www.cepp.sgcc.com.cn
责任编辑：罗翠兰（010-63412428）
责任校对：闫秀英
装帧设计：张俊霞
责任印制：邹树群

印　刷：北京瑞禾彩色印刷有限公司
版　次：2018年6月第一版
印　次：2018年6月北京第一次印刷
开　本：710毫米×980毫米　16开本
印　张：7.5
字　数：152千字
印　数：0001—3000册
定　价：58.00元

农村电网改造升级工程
10kV及以下项目典型作业危险点预控图册

编写人员

主　编　孙铁群

副主编　张　捷　游步新　付启刚　王平平

参　编　李世勉　舒　逊　谢　松　周敬鸥　邓　锴
肖泽中　谭贤信　秦煜森　吴启飞　张　宇
张夏雨　刘　凯　谢　韵　周婧雯　陈锦威

前言

“十三五”伊始，党中央、国务院启动新一轮农村电网改造升级工程，既是补齐基础设施短板、打赢扶贫攻坚战的有力举措，也是扩大有效投资、保障经济增长的重要途径。新一轮农村电网改造升级工程投资规模大、持续时间长、涉及范围广，是落实国家电网公司“十三五”农网发展规划，推进供电服务均等化，提升农村电网技术装备水平和智能化水平，促进农村电网与城市电网、与主电网协调发展的重要战略机遇。

农村电网升级改造以 10kV 及以下农村配电网项目为主，存在点多面广、位置偏远、作业分散、参与施工作业的人员水平参差不齐的特点，容易发生人身伤亡事故。为保障农村电网升级改造工程的顺利实施，必须严把安全关，杜绝一切不安全、不规范行为。在作业前对农村配电网施工作业可能出现的危险点进行分析，并制订相应的预控措施，在作业中严格落实安全控制措施，可有效保障作业安全。因此，国网重庆市电力公司在《国家电网电力安全工作规程（配电部分）（试行）》的基础上，组织编写了《农村电网改造升级工程　10kV 及以下项目典型作业危险点预控图册》。本图册采用图解方式分析作业危险点及预控措施，直观简洁，通俗易懂，以达到强化电力员工安全意识、指导安全生产的作用。

本图册由国网重庆市电力公司孙轶群担任主编，张捷、游步新、付启刚、王平平担任副主编。本图册的图片部分由重庆大学周婧雯老师、陈锦威老师主创，文字部分主要由国网重庆市电力公司运检部检修三处的同志负责校核，部分章节内容参考了国家电网公司下属多家单位的相关技术资料和文献，在此一并表示诚挚的谢意。

由于编者水平的限制，疏漏之处在所难免，敬请广大读者提出宝贵意见，使之不断完善。

编　者

2018 年 2 月

目录

第一章　一般要求

第一节　人员未按规定着装或佩戴岗位标志

一、主要风险源

人员未按规定着装或佩戴岗位标志（见图 1–1）。

图 1–1　人员未按规定着装或佩戴岗位标志

二、典型控制措施

（1）进入作业现场应正确佩戴安全帽，现场作业人员还应穿全棉长袖工作服，绝缘鞋（见图 1–2）。

（2）低压电气带电工作应戴手套、护目镜，并保持对地绝缘。

图 1–2　正确穿戴劳保用品

三、依据

《国家电网公司电力安全工作规程（配电部分）（试行）》（简称《配电安规》）中 2.1.6、8.1.1。

第二节　人员身体、精神状况不佳，超体能作业

一、主要风险源

人员身体、精神状况不佳，超体能作业（见图 1–3）。

图 1–3　人员身体、精神状况不佳，超体能作业

二、典型控制措施

关注工作班成员身体状况和精神状态是否出现异常迹象（见图 1–4），人员变动是否合适。

图 1–4　关注工作班成员身心状况

三、依据

《国家电网公司电力安全工作规程（配电部分）（试行）》中 3.3.12.2。

第三节　未按规定使用、保管施工机具及安全工器具

一、主要风险源

（1）使用不合格的施工机具及安全工器具（见图 1–5）。

图 1–5　安全工器具已破损

（2）未按规定保管、检查、维护、保养、试验施工机具及安全工器具（见图 1–6）。

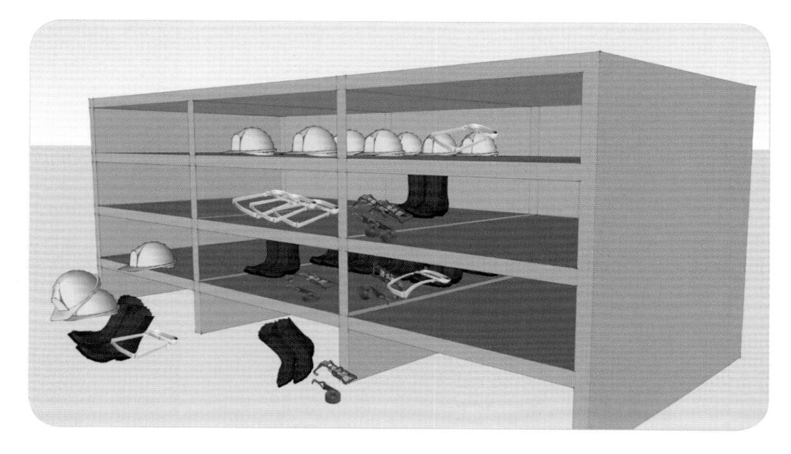

图 1–6　安全工器具室堆放混乱，未建立领用记录、校试记录及台账

二、典型控制措施

（1）施工机具和安全工器具应统一编号，专人保管。入库、出库、使用前应进行检查。应使用合格的施工机具和安全工器具（见图1–7），禁止使用损坏、变形、有故障等不合格的施工机具和安全工器具。

图1–7　使用合格的安全工器具

（2）自制或改装及主要部件更换或检修后的施工机具，应按其用途依据国家标准进行试验，经鉴定合格后方可使用。

（3）施工机具应定期维护、保养。施工机具的转动和传动部分应保持润滑。

（4）施工机具应有专用库房存放，且堆放整齐，同时建立领用记录、校试记录及台账（见图1–8）。

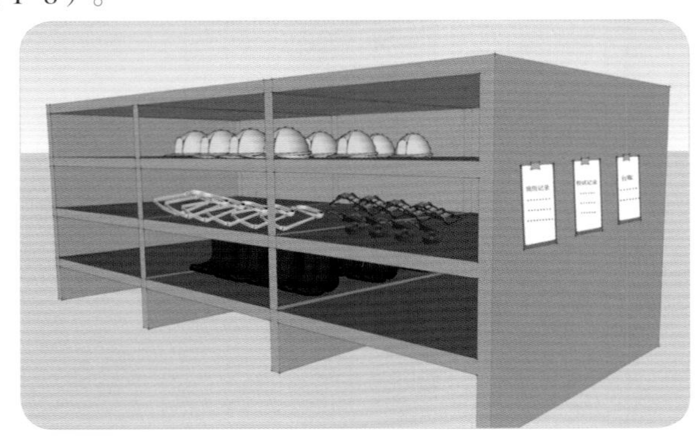

图1–8　安全工器具室摆放整齐，建立相应的领用记录、校试记录及台账

（5）安全工器具宜存放在温度为－15～＋35°C、相对湿度为80%以下、干燥通风的安全工器具室内。

（6）起重机具的检查、试验要求应满足《配电安规》附录K的规定。

（7）施工机具应定期按标准试验。

（8）安全工器具应进行国家规定的型式试验、出厂试验和使用中的周期性试验。

（9）安全工器具经试验合格后，应在不妨碍绝缘性能且醒目的部位粘贴合格证。

（10）安全工器具的电气试验和机械试验可由使用单位根据试验标准和周期进行，也可委托有资质的机构试验。

三、依据

《国家电网公司电力安全工作规程（配电部分）（试行）》中14.1.6、14.1.7、14.3.1、14.3.2、14.6.1.1、14.3.3、14.3.4、14.6.2.1、14.6.2.3、14.6.2.4。

第四节　劳动防护用品配置不齐全或佩戴和使用不正确

一、主要风险源

（1）劳动防护用品配置不齐。

（2）劳动防护用品佩戴和使用不正确。

二、典型控制措施

（1）作业现场的生产条件和安全设施等应符合有关标准、规范的要求，作业人员的劳动防护用品应合格、齐备。

（2）工作班成员必须正确使用施工机具、安全工器具和劳动防护用品。

三、依据

《国家电网公司电力安全工作规程（配电部分）（试行）》中2.3.1、3.3.12.5。

第五节　恶劣天气、特殊环境未配备相应的劳动防护用品

一、主要风险源

恶劣天气、特殊环境未配备相应的劳动防护用品（见图 1–9、图 1–10）。

图 1–9　雷雨天气下露天高处作业

图 1–10　高温环境下长时间无防护作业

二、典型控制措施

（1）在5级及以上的大风及暴雨、雷电、冰雹、大雾和沙尘暴等恶劣天气下，应停止露天高处作业（见图1-11）。特殊情况下，确需在恶劣天气进行抢修时，应制订相应的安全措施，经本单位批准后方可进行。

图1-11　恶劣天气下停止露天高处作业

（2）低温或高温环境下的高处作业，应采取保暖或防暑降温措施（见图 1–12），作业时间不宜过长。

图 1–12　高温作业应采取防暑降温措施

（3）电缆隧道应有充足的照明，并有防火、防水及通风措施。

（4）进入电缆井、电缆隧道前，应先用吹风机排除浊气，再用气体检测仪检查井内或隧道内的易燃易爆及有毒气体的含量是否超标，并做好记录。

（5）在电缆隧道内巡视时，作业人员应携带便携式气体测试仪，通风不良时还应携带正压式空气呼吸器。

三、依据

《国家电网公司电力安全工作规程（配电部分）（试行）》中 12.1.3、12.2.2、12.2.4、17.1.8、17.1.9。

第二章　组织措施

第一节　勘查内容不全

一、主要风险源

勘察内容不全（见图 2-1）。

图 2-1　勘察内容不全

二、典型控制措施

（1）现场勘察应有工作票签发人或工作负责人组织，工作负责人、设备运行管理单位（用户单位）和检修（施工）单位相关人员参加。对涉及多专业、多部门、多单位的作业项目，应由项目主管部门、单位组织相关人员共同参与。

（2）现场勘察应先查看检修（施工）作业需要停电的范围、保留的带电部位、装设接地线的位置，再查看邻近线路、交叉跨越、多电源、自备电源、地下管线设施和作业现场的条件、环境及其他影响作业的危险点（见图 2–2），并提出针对性的安全措施和注意事项。

（3）开工前，工作负责人或工作票签发人应重新核对现场勘察情况，发现与原勘察情况有变化时，应及时修正、完善相应的安全措施。

图 2–2　作业前应认真勘察现场

三、依据

《国家电网公司电力安全工作规程（配电部分）（试行）》中 3.2.2、3.2.3、3.2.5。

第二节　现场勘查安全防护措施采取不全

一、主要风险源

现场勘察安全防护措施采取不全（见图 2-3）。

图 2-3　安全防护措施采取不全

二、典型控制措施

（1）汛期、暑天、雪天等恶劣天气和山区巡线应配备必要的防护用具、自救器具和药品；夜间巡线应携带足够的照明用具。

（2）电缆隧道应有足够的照明，并有防火、防水及通风措施。

（3）电缆井、电缆隧道内工作时，通风设备应保持常开。禁止只打开电缆井一只井盖（单眼井除外）。作业过程中应用气体检测仪检查井内或隧道内的易燃易爆及有毒气体的含量是否超标，并做好记录。

（4）在电缆隧道内巡视时，作业人员应携带便携式气体测试仪，通风不良时还应携带正压式空气呼吸器（见图 2–4）。

（5）电缆沟的盖板开启后，应自然通风一段时间，经检测合格后方可下井沟工作。

图 2–4　电缆隧道工作时应有足够的照明，作业人员应携带便携式气体测试仪

三、依据

《国家电网公司电力安全工作规程（配电部分）（试行）》中 5.1.3、12.1.3、12.2.3、12.2.4、12.2.5。

第三节　无票作业，未按规定使用工作票、任务单

一、主要风险源

（1）无票作业。

（2）未按规定使用工作票、任务单（见图 2–5）。

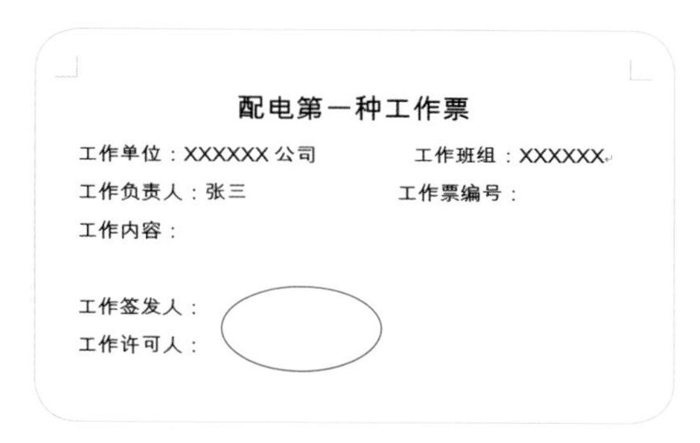

配电第一种工作票

工作单位：XXXXXX 公司　　工作班组：XXXXXX

工作负责人：张三　　工作票编号：

工作内容：

工作签发人：

工作许可人：

图 2–5　工作票签发人、许可人签字不齐全

二、典型控制措施

（1）一张工作票中，工作票签发人、工作许可人和工作负责人三者不得为同一人（见图 2–6）。工作许可人中只有现场工作许可人（作为工作班成员之一，进行该工作任务所需现场操作及做安全措施者）可与工作负责人相互兼任。若相互兼任，应具备相应的资质，并履行相应的安全责任。

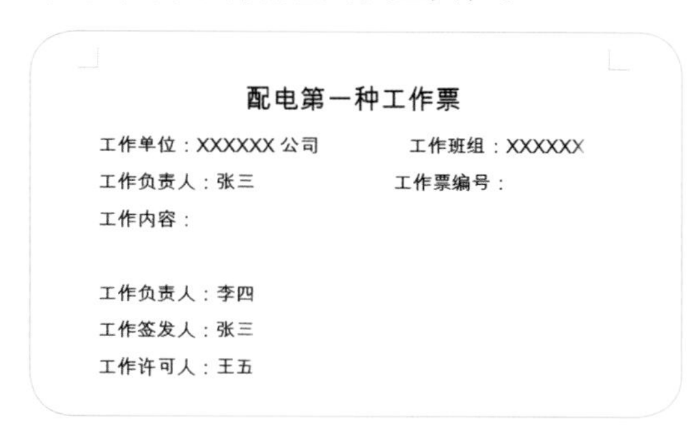

配电第一种工作票

工作单位：XXXXXX 公司　　工作班组：XXXXXX

工作负责人：张三　　工作票编号：

工作内容：

工作负责人：李四

工作签发人：张三

工作许可人：王五

图 2–6　工作票签发人、许可人、负责人三者必须签字齐全且不能为同一人

（2）工作许可时，工作票一份由工作负责人收执，其余留存工作票签发人或工作许可人处。工作期间，工作票应始终保留在工作负责人手中。

（3）承、发包工程，工作票可实行“双签发”。签发工作票时，双方工作票签发人在工作票上分别签名，各自承担相应的安全责任。

（4）一个工作负责人不能同时执行多张工作票。若一张工作票下设多个小组工作，工作负责人应指定每个小组的小组负责人（监护人），并使用工作任务单。

三、依据

《国家电网公司电力安全工作规程（配电部分）（试行）》中 3.3.8.6、3.3.8.8、3.3.9.6、3.3.9.7。

第四节　未经许可擅自开工或约时停 / 送电

一、主要风险源

（1）未经许可擅自开工。

（2）约时停 / 送电（分别见图 2–7、图 2–8）。

图 2–7　约时停电

图 2-8　约时送电

二、典型控制措施

（1）填用配电变压器第一种工作票的工作，应得到全部工作许可人的许可，并由工作负责人确认工作票所列当前工作所需的安全措施全部完成后，方可下令开始工作。所有许可手续（工作许可人姓名、许可方式、许可时间等）均应记录在工作票上。

（2）工作许可人在接到所有工作负责人（包括用户）的终结报告，并确认所有工作已完毕、所有工作人员已撤离、所有接地线已拆除，与记录簿核对无误并做好记录后，方可下令拆除各侧安全措施。

（3）禁止约时停、送电。

三、依据

《国家电网公司电力安全工作规程（配电部分）（试行）》中 3.3.8.6、3.3.8.8、3.3.9.6、3.3.9.7。

第五节　工作负责人、专责监护人未履行监护责任或擅自离开现场

一、主要风险源

（1）工作负责人、专责监护人未履行监护责任（见图 2–9）。

（2）工作负责人、专责监护人擅自离开现场（见图 2–10）。

图 2–9　工作负责人、专责监护人未履行监护责任

图 2–10　工作负责人、专责监护人擅自离开现场

二、典型控制措施

（1）专责监护人监督被监护人员遵守《安规》和执行现场安全措施，及时纠正被监护人员的不安全行为。

（2）工作负责人、专责监护人应始终在工作现场，并履行其监护责任（见图2-11）。

图 2-11　工作负责人、专责监护人应履行其监护责任

（3）工作票签发人、工作负责人对有触电危险、检修（施工）复杂容易发生事故的工作，应增设专责监护人，并确定其监护的人员和工作范围。专责监护人不得兼做其他工作。专责监护人临时离开时，应通知被监护人员停止工作或离开工作现场，待专责监护人回来后方可恢复工作。专责监护人需长时间离开工作现场时，应由工作负责人变更专责监护人，履行变更手续，并告知全体被监护人员。

（4）工作期间，工作负责人若需暂时离开工作现场，应指定能胜任的人员临时代替，离开前应将工作现场交待清楚，并告知全体工作班成员。原工作负责人返回工作现场时，也要履行同样的交接手续。工作负责人若需长时间离开工作现场时，应由原工作票签发人变更工作负责人，履行变更手续，并告知全体工作班成员及所有工作许可人。原、现工作负责人应履行必要的交接手续，并在工作票上签名确认（见图 2-12）。

图 2-12　专责监护人需长时间离开工作现场时，应履行交接手续

三、依据

《国家电网公司电力安全工作规程（配电部分）（试行）》中 3.3.12.4、3.5.2、3.5.4、3.5.5。

第六节　恢复工作前未重新检查现场安全措施

一、主要风险源

恢复工作前未重新检查现场安全措施（见图 2–13）。

图 2–13　恢复工作前，未重新检查现场安全措施便直接开工

二、典型控制措施

（1）工作间断，若工作班离开工作地点，应采取措施或派人看守，不让人、畜接近挖好的基坑或未竖立稳固的杆塔以及负载的起重和牵引机械装置等。

（2）工作间断，工作班离开工作地点，若接地线保留不变，恢复工作前应检查确认接地线完好；若接地线拆除，恢复工作前应重新验电、装设接地线（见图 2–14）。

图 2–14　恢复工作前，工作负责人应重新检查现场安全措施

三、依据

《国家电网公司电力安全工作规程（配电部分）（试行）》中 3.6.2、3.6.3。

第七节　盲目汇报工作完工或未认真核对便送电

一、主要风险源

盲目汇报工作完工或未认真核对便送电（见图 2–15）。

图 2–15　工作人员尚未完全撤离，便汇报工作结束

二、典型控制措施

（1）工作完成后，应清扫整理现场，工作负责人（包括小组负责人）应检查工作地段的状况，确认工作的配电设备和配电线路的杆塔、导线、绝缘子及其他辅助设备上没有遗留个人保安线和其他工具、材料，查明全部工作人员确由线路、设备上撤离后，再命令拆除由工作班自行装设的接地线等安全措施。接地线拆除后，任何人不得再登杆工作或在设备上工作。

（2）工作地段所有由工作班自行装设的接地线拆除后，工作负责人应及时向相关工作许可人（含配合停电线路、设备许可人）报告工作终结。

（3）多小组工作，工作负责人应在得到所有小组负责人工作结束的汇报后，方可与工作许可人办理工作终结手续。

（4）工作许可人在接到所有工作负责人（包括用户）的终结报告，并确认所有工作已完毕，所有工作人员已撤离，所有接地线已拆除，与记录簿核对无误并做好记录后，方可下令拆除各侧安全措施（见图 2-16）。

图 2-16　工作负责人应确认现场所有工作人员及施工机具、安全工器具已撤除，方可汇报工作结束

三、依据

《国家电网公司电力安全工作规程（配电部分）（试行）》中 3.7.1、3.7.2、3.7.3、3.7.6。

第三章　技术措施

第一节　未按规定验电

一、主要风险源

未按规定验电（见图 3-1 ～图 3-4）。

图 3-1　未佩戴绝缘手套进行验电

图 3-2　未使用相应电压等级验电器进行验电

图 3-3　作业人员越过未经验电、接地的线路对上层、远侧线路验电

图 3-4　未使用雨雪型验电器或未戴绝缘手套在雨雪天气室外验电

二、典型控制措施

（1）配电线路和设备停电检修、接地前，应使用相应电压等级的接触式验电器或测电笔，在装设接地线或合接地开关处逐相分别验电（见图 3–5、图 3–6）。

图 3–5　用相应电压等级验电器进行验电

图 3–6　使用相应电压等级的接触式验电器或测电笔，在装设接地线或合接地开关处逐相分别验电

（2）高压验电前，验电器应先在有电设备上试电，确证验电器良好；无法在有电设备上试验时，可用工频高压发生器等确证验电器良好。低压验电前应先在低压有电部位上试验，以验证验电器或测电笔良好。

（3）高压验电时，人体与被验电的线路、设备的带电部位应保证规定的安全距离。使用伸缩式验电器，绝缘棒应拉到位，验电时手应握在手柄处，不得超过护环，宜戴绝缘手套。雨雪天气室外设备宜采用间接验电；若直接验电，应使用雨雪型验电器，并戴绝缘手套（见图 3–7、图 3–8）。

图 3–7　雨雪天气室外验电时应使用雨雪型验电器并戴绝缘手套

图 3–8　验电时应佩戴绝缘手套

（4）对同杆（塔）架设的多层电力线路验电，应先验低压、后验高压，先验下层、后验上层，先验近侧、后验远侧。禁止作业人员越过未经验电、接地的线路对上层、远侧线路验电（见图 3–9）。

图 3–9　作业人员对线路上层、远侧进行验电时，应确认低压线路已断电

（5）检修联络用的断路器（开关）、隔离开关（刀闸），应在两侧验电。

（6）低压配电线路和设备停电后，检修或装表接电前，应在与停电检修部位或表计电气上直接相连的可验电部位验电。

（7）对无法直接验电的设备，应间接验电，即通过设备的机械位置指示、电气指示、带电显示装置、仪表及各种遥测、遥信等信号的变化来判断。判断时，至少应有两个非同样原理或非同源的指示发生对应变化，方可确认该设备已无电压。检查中若发现其他任何信号有异常，均应停止操作，查明原因。若遥控操作，可采用上述的间接方法或其他可靠的方法间接验电。

三、依据

《国家电网公司电力安全工作规程（配电部分）（试行）》中 4.3.1 ～ 4.3.7。

第二节　未按规定装设接地线

一、主要风险源

未按规定装设接地线（见图 3-10 ～图 3-14）。

图 3-10　装设、拆除接地线无人监护

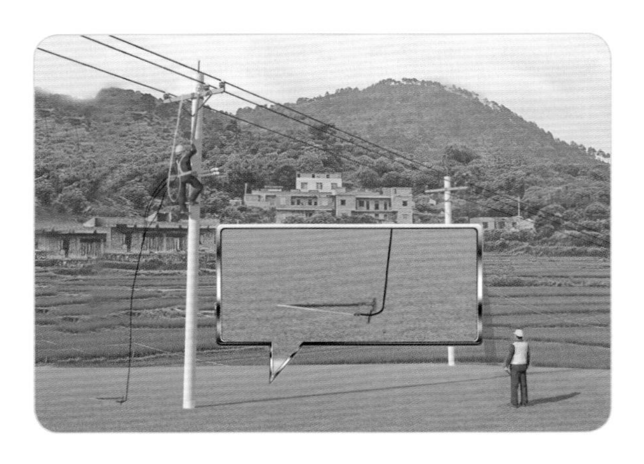

图 3-11　装设的接地线接触不良、连接不可靠

图 3-12　架空绝缘线路接地线未装设在接地环

图 3-13　在装设接地线时，未认真对照工作票核对杆名、杆号

图 3-14　装设同杆塔架设的多层电力线路接地线时，未按正确顺序

二、典型控制措施

（1）当验明确无电压后，应立即将检修的高压配电线路和设备接地并三相短路，工作地段各端和工作地段内有可能反送电的各分支线都应接地。

（2）配合停电的交叉跨越或邻近线路，在交叉跨越或邻近处附近应装设一组接地线。配合停电的同杆（塔）架设线路装设接地线的要求与检修线路相同（见图3-15）。

（3）装设、拆除接地线应有人监护（见图3-16）。

图3-15　在装设接地线时，应认真对照工作票核对杆名、杆号

图3-16　装设、拆除接地线应有人监护

（4）禁止作业人员擅自变更工作票中指定的接地线位置，若需变更应由工作负责人征得工作票签发人或工作许可人同意，并在工作票上注明变更情况。

（5）装设、拆除接地线均应使用绝缘棒并戴绝缘手套，人体不得碰触接地线或未接地的导线。

（6）装设的接地线应接触良好、连接可靠（见图3-17）。装设接地线应先接接地端、后接导体端，拆除接地线的顺序与此相反。

（7）装设同杆（塔）架设的多层电力线路接地线，应先装设低压、后装设高压，先装设下层、后装设上层，先装设近侧、后装设远侧（见图3-18）。拆除接地线的顺序与此相反。

图3-17　装设的接地线应接触良好、连接可靠

图3-18　按正确顺序装设同杆塔架设的多层电力线路接地线

（8）接地线应使用专用的线夹固定在导体上，禁止用缠绕的方法接地或短路。禁止使用其他导线接地或短路（见图 3–19）。

图 3–19　架空绝缘线路接地线应装设在接地环

三、依据

《国家电网公司电力安全工作规程（配电部分）（试行）》中 4.4.1、4.4.3、4.4.4、4.4.6、4.4.8、4.4.9、4.4.10、4.4.13。

第三节　未按规定使用个人保安线

一、主要风险源

未按规定使用个人保安线（见图 3–20）。

图 3–20　未使用个人保安线

二、典型控制措施

对于交叉跨越、平行或邻近带电线路、设备导致检修线路或设备可能产生感应电压时，应加装接地线或使用个人保安线，加装（拆除）的接地线应记录在工作票上，个人保安线由作业人员自行装拆（见图 3–21）。

图 3–21　对于交叉跨越平行或邻近带电线路、设备工作时应使用个人保安线

三、依据

《国家电网公司电力安全工作规程（配电部分）（试行）》中 4.4.12。

第四节　未按规定设置围栏和标识牌

一、主要风险源

未按规定设置围栏和标识牌（见图 3-22 ～图 3-25）。

图 3-22　在人口密集区施工时，工作场所未装设遮栏（围栏），未装设警告标示牌

图 3-23　在交通道口施工时，未装设遮栏、未设警告标示牌

图 3-24　人员越过遮栏（围栏），或擅自移动和拆除遮栏（围栏）标示牌

图 3-25　配电线路设备检修工作未按要求悬挂标示牌

二、典型控制措施

（1）在工作地点或检修的配电设备上悬挂“在此工作！”标示牌；配电设备的盘柜检修、查线、试验、定值修改输入等工作，宜在盘柜的前后分别悬挂“在此工作！”标识牌。

（2）工作地点有可能误登、误碰的邻近带电设备，应根据设备运行环境悬挂“止步，高压危险！”等标示牌。

（3）在一经合闸即可送电到工作地点的断路器（开关）和隔离开关（刀闸）的操作处或机构箱门锁把手上及熔断器操作处，应悬挂“禁止合闸，有人工作！”标示牌；若线路上有人工作，应悬挂“禁止合闸，线路有人工作！”标示牌。

（4）由于设备原因，接地刀闸与检修设备之间连有断路器（开关），在接地开关和断路器（开关）合上后，在断路器（开关）的操作处或机构箱锁把手上，应悬挂“禁止分闸！”标示牌。

（5）高压开关柜内手车开关拉出后，隔离带电部位的挡板应可靠封闭，禁止开启，并设置“止步，高压危险！”标示牌。

（6）配电线路、设备检修，在显示屏上断路器（开关）或隔离开关（刀闸）的操作处应设置“禁止合闸，有人工作！”或“禁止合闸，线路有人工作！”以及“禁止分闸！”标记。

（7）高低压配电室、开闭所部分停电检修或新设备安装，应在工作地点两旁及对面运行设备间隔的遮栏（围栏）上和禁止通行的过道遮栏（围栏）上悬挂“止步，高压危险！”标示牌。

（8）配电站户外高压设备部分停电检修或新设备安装，应在工作地点四周装设围栏，其出入口要围至邻近道路旁边，并设有“从此进出！”标示牌。工作地点四周围栏上悬挂适当数量的“止步，高压危险！”标示牌，标示牌应朝向围栏里面（见图 3–26）。

图 3–26　配电线路设备检修工作应按要求悬挂标示牌

（9）部分停电的工作，小于《配电安规》表 3–1 规定距离以内的未停电设备，应装设临时遮栏，临时遮栏与带电部分的距离不得小于《配电安规》表 4–1 的规定数值。临时遮栏可用坚韧绝缘材料制成，装设应牢固，并悬挂“止步，高压危险！”标示牌。

（10）低压开关（熔丝）拉开（取下）后，应在适当位置悬挂“禁止合闸，有人工作！”或“禁止合闸，线路有人工作！”标示牌。

（11）配电设备检修，若无法保证安全距离或因工作特殊需要，可用与带电部分直接接触的绝缘隔板代替临时遮栏，其绝缘性能应符合《配电安规》附录 H 要求。

（12）城区、人口密集区或交通道口和通行道路上施工时，工作场所周围应装设遮栏（围栏），并在相应部位装设警告标示牌。必要时，派人看管（见图 3–27、图 3–28）。

图 3–27　在人口密集区施工时，应装设遮栏并设警告标示牌

图 3–28　在交通道口施工时，应装设遮栏并设警告标示牌

（13）禁止越过遮栏（围栏）（见图 3–29）。

（14）禁止作业人员擅自移动或拆除遮栏（围栏）、标示牌（见图 3–29）。因工作原因需短时移动或拆除遮栏(围栏)、标示牌时，应有人监护。完毕后应立即恢复。

图 3−29　禁止人员越过遮栏(围栏)，禁止擅自移动和拆除遮栏（围栏）、标示牌

三、依据

《国家电网公司电力安全工作规程（配电部分）（试行）》中 4.5.1 ～ 4.5.14。

第四章　现场安全交底

第一节　项目部未向施工单位、监理单位告知

一、主要风险源

项目部未向施工单位、监理单位告知。

二、典型控制措施

（1）作业人员应被告知其作业现场和工作岗位存在的危险因素、防范措施及事故紧急处理措施。作业前，设备运维管理单位应告知现场电气设备接线情况、危险点和安全注意事项。

（2）工作许可后，工作负责人、专责监护人应向工作班成员交待工作内容、人员分工、带电部位和现场安全措施，告知危险点，并履行签名确认手续，方可下达开始工作的命令。

三、依据

《国家电网公司电力安全工作规程（配电部分）（试行）》中 2.1.5、3.5.1。

第二节　未向工作负责人交底

一、主要风险源

未向工作负责人交底。

二、典型控制措施

（1）现场办理工作许可手续前，工作许可人应与工作负责人核对线路名称、设备双重名称，检查核对现场安全措施，指明保留带电部位。

（2）填用配电第一种工作票的工作，应得到全部工作许可人的许可，并由工作负责人确认工作票所列当前工作所需的安全措施全部完成后，方可下令开始工作。所有许可手续（工作许可人姓名、许可方式、许可时间等）均应记录在工作票上。

（3）许可开始工作的命令，应通知工作负责人。其方法可采用：

1）当面许可。工作许可人和工作负责人应在工作票上记录许可时间，并分别签名。

2）电话许可。工作许可人和工作负责人应分别记录许可时间和双方姓名，复诵核对无误。

三、依据

《国家电网公司电力安全工作规程（配电部分）（试行）》中 3.4.3、3.4.4、3.4.9。

第三节　未向工作班成员交底

一、主要风险源

未向工作班成员交底（见图 4–1、图 4–2）。

图 4–1　作业前，专责监护人未对工作班成员交待工作内容、告知危险点即开始工作

图 4–2　未告知危险点，未履行签名确认手续，即开始工作

二、典型控制措施

工作许可后，工作负责人、专责监护人应向工作班成员交待工作内容、人员分工、带电部位和现场安全措施，告知危险点，并履行签名确认手续，方可下达开始工作的命令（见图 4–3、图 4–4）。

图 4–3　作业前，专责监护人对工作班成员交待工作内容告知危险点并得到确认后方可开始工作

图 4–4　告知危险点，并履行签名确认手续后，方可下达开始工作的命令

三、依据

《国家电网公司电力安全工作规程（配电部分）（试行）》3.5.1。

第五章　高处作业

第一节　登杆塔前未认真检查

一、主要风险源

登杆塔前未认真检查（见图 5-1 ～图 5-3）。

图 5-1　登杆作业前未核对现场线路名称和杆号

图 5-2　登杆作业前未检查杆根基础和拉线是否牢固

图 5-3　遇有冲刷、起土、上拔或导地线、拉线松动的杆塔，未做相应处理措施

二、典型控制措施

（1）登杆塔前，应做好以下工作：

1）核对线路名称和杆号（见图 5-4）。

图 5-4　登杆作业前应核对现场线路名称和杆号

2）检查杆根、基础和拉线是否牢固（见图 5-5）。

图 5-5　登杆作业前应先检查杆根基础和拉线是否牢固

3）杆塔上是否有影响攀登的附属物。

4）遇有冲刷、起土、上拔或导地线、拉线松动的杆塔，应先培土加固、打好临时拉线或支好架（见图 5-6）。

图 5-6　培土加固、打好临时拉线或支好架

5）检查登高工具、设施（如脚扣、升降板、安全带、梯子和脚钉、爬梯、防坠装置等）是否完整牢靠。

6）攀登有覆冰、积雪、雨水、积霜的杆塔时，应采取防滑措施。

（2）攀登老旧电杆前，应重点检查杆身是否牢固、埋深是否满足要求，电杆拉线是否牢靠。杆上作业前还应检查横向裂纹和金具锈蚀情况。

三、依据

（1）《国家电网公司电力安全工作规程（配电部分）（试行）》中 6.2.1。

（2）关于印发《农村配网工程施工作业典型安全措施》的通知（农安〔2010〕50 号）。

第二节　杆塔上及高处作业措施不当

一、主要风险源

杆塔上及高处作业措施不当（见图 5-7、图 5-8）。

图 5-7　高处作业时安全带保护绳未挂在杆塔不同部位的牢固构件上

图 5-8　作业过程中高空抛物

二、典型控制措施

（1）杆塔上作业应注意以下安全事项：

1）作业人员攀登杆塔、杆塔上移位及杆塔上作业时，手扶的构件应牢固，不得失去安全保护，并有防止安全带从杆顶脱出或被锋利物损坏的措施。

2）在杆塔上作业时，宜使用有后备保护绳或速差自锁器的双控式安全带，安全带和保护绳应分挂在杆塔不同部位的牢固构件上（见图 5-9）。

图 5-9　高处作业时安全带保护绳均应挂在杆塔不同部位的牢固构件上

3）上横担前，应检查横担腐蚀情况、联结是否牢固，检查时安全带（绳）应系在主杆或牢固的构件上。

4）在人员密集或人员通过的地段进行杆塔上作业时，作业点下方应按坠落半径设围栏或其他保护措施。

5）杆塔上下无法避免垂直交叉作业时，应做好防落物伤人的措施，作业时要相互照应，密切配合。

6）杆塔上作业时不得从事与工作无关的活动。

（2）高处作业应搭设脚手架、使用高空作业车、升降平台或采取其他防止坠落的措施。

（3）高处作业应使用工具袋。上下传递材料、工器具应使用绳索；邻近带电线路作业的，应使用绝缘绳索传递，较大的工具应用绳拴在牢固的构件上（见图5–10）。

图 5–10　禁止高空抛物

三、依据

《国家电网公司电力安全工作规程（配电部分）（试行）》中 17.1.3、17.1.5、17.1.6。

第六章　基础施工

第一节　地下设施位置不清楚

一、主要风险源

地下设施位置不清楚（见图 6–1）。

图 6–1　未与有关地下管道、电缆等设施的主管单位取得联系，未明确地下设施的确切位置

二、典型控制措施

（1）挖坑前，应与有关地下管道、电缆等设施的主管单位取得联系，明确地下设施的确切位置，做好防护措施（见图 6–2）。

图 6–2　挖明确地下设施的确切位置，做好防护措施

（2）在下水道、煤气管线、潮湿地、垃圾堆或有腐殖物等附近挖坑时，应设监护人。在挖深超过 2m 的坑内工作时，应采取安全措施，如戴防毒面具、向坑中送风和持续检测等。监护人应密切注意挖坑人员，防止煤气、硫化氢等有毒气体中毒及沼气等可燃气体爆炸。

（3）开挖中，发现不能辨认的物品，应立即停止工作并及时报告，严禁随意敲击或耍弄。

三、依据

（1）《国家电网公司电力安全工作规程（配电部分）（试行）》中 6.1.1、6.1.5。

（2）《国家电网公司农网防范较大及以上人身伤害事故典型防范措施》（农安〔2011〕64 号）。

第二节　未采取防杆坑坍塌措施

一、主要风险源

未采取防杆坑坍塌措施（见图 6-3、图 6-4）。

图 6-3　挖坑时，未及时清除坑口附近浮土、石块

图 6-4　杆塔基础附近开挖时，未随时检查杆塔稳定性

二、典型控制措施

（1）挖坑时，应及时清除坑口附近浮土、石块，路面铺设材料和泥土应分别堆置，在堆置物堆起的斜坡上不得放置工具、材料等器物（见图 6–5）。

图 6–5　挖坑时及时清除坑口附近浮土、石块

（2）在土质松软处挖坑，应有防止塌方措施，如加挡板、撑木等。不得站在挡板、撑木上传递土石或放置传土工具。禁止由下部掏挖土层。

（3）在超过 1.5m 深的基坑内作业时，向坑外抛掷土石应防止土石回落坑内，并做好防止土层塌方的防护措施。

（4）杆塔基础附近开挖时，应随时检查杆塔稳定性。若开挖影响杆塔的稳定性，应在开挖的反方向加装临时拉线，开挖基坑未回填时禁止拆除临时拉线（见图6–6）。

图6–6　若开挖影响杆塔的稳定性，应在开挖的反方向加装临时拉线

三、依据

《国家电网公司电力安全工作规程（配电部分）（试行）》中6.1.2、6.1.3、6.1.4。

第三节　未设置警示标识

一、主要风险源

未设置警示标识（见图 6-7）。

图 6-7　在居民区及交通道路附近开挖的基坑，未设坑盖或可靠遮栏，加挂警告标示牌

二、典型控制措施

（1）在居民区及交通道路附近开挖的基坑，应设坑盖或可靠遮栏，加挂警告标示牌，夜间挂红灯（见图 6–8）。

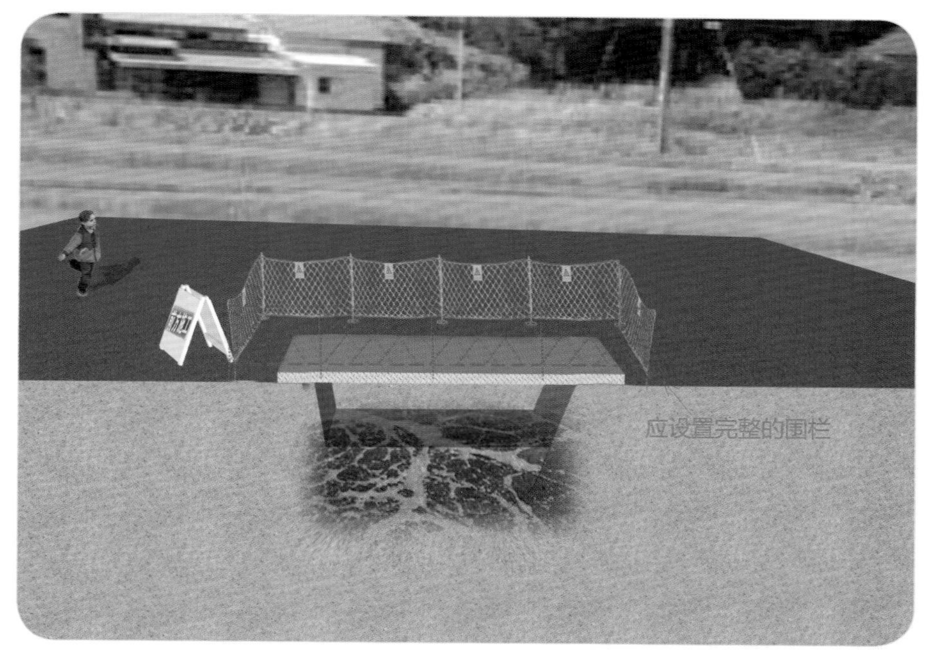

图 6–8　在居民区及交通道路附近开挖的基坑，应设坑盖或可靠遮栏

（2）掘路施工应做好防止交通事故的安全措施。施工区域应用标准路栏等进行分隔，并有明显标记，夜间施工人员应佩戴反光标志，施工地点应加挂警示灯。

（3）在公路附近或坎下挖坑时除设置警示标志外，还应在坑洞上方合适位置设置挡板。

三、依据

《国家电网公司电力安全工作规程（配电部分）（试行）》6.1.6、12.2.1.2。

第四节　电动机具使用不当

一、主要风险源

未正确使用施工机具（见图 6-9）。

图 6-9　电动机具未装设剩余电流动作保护装置，金属外壳未接地

二、典型控制措施

（1）机具在运行中不得进行检修或调整。禁止在运行中或未完全停止的情况下清扫、擦拭机具的转动部分。

（2）连接电动机具的电气回路应单独设开关或插座，并装设剩余电流动作保护装置，金属外壳应接地，电动机具应做到“一机一闸一保护”，剩余电流动作保护装置应定期检查、试验、测试动作特性（见图 6–10）。

图 6–10　电动机具应装设剩余电流动作保护装置，金属外壳应接地

三、依据

《国家电网公司电力安全工作规程（配电部分）（试行）》6.1.6、12.2.1.2。

第七章　搬运和吊装

第一节　未按要求使用吊装机械

一、主要风险源

未按要求使用吊装机械（见图 7-1 ～图 7-3）。

图 7-1　起重设备长期或频繁地靠近架空线路或其他带电体作业时，未采取隔离防护措施

图 7-2　起吊电杆等长物件，未选择合理的吊点挂在物件的重心线上

图 7-3　吊运设备过程中未做好防范措施

二、典型控制措施

（1）起重设备应经检验检测机构检验合格，并在特种设备安全监督管理部门登记。

（2）起重设备、吊索具和其他起重工具的工作负荷，不得超过铭牌规定。

（3）起吊重物前，应由起重工作负责人检查悬吊情况及所吊物件的捆绑情况，确认可靠后方可试行起吊。起吊重物稍离地面（或支持物），应再次检查各受力部位，确认无异常情况后方可继续起吊。

（4）起吊物件应绑扎牢固，若物件有棱角或特别光滑的部位时，在棱角和滑面与绳索（吊带）接触处应加以包垫、起重吊钩应挂在物件的重心线上。起吊电杆等长物件应选择合理的吊点，吊钩钢丝绳应垂直，严禁偏拉斜吊。落钩时应防止吊物局部着地引起吊绳偏斜。吊物未固定好严禁松钩，并采取防止突然倾倒的措施（见图 7–4、图 7–5）。

图 7–4　起吊电杆等长物件应选择合理的吊点挂在物件的重心线上，吊钩钢丝绳应垂直，严禁偏拉斜吊

图 7-5　吊运设备过程中应做好防范措施，防止剧烈摆动，必要时增加临时拉绳

（5）起重设备长期或频繁地靠近架空线路或其他带电体作业时，应采取隔离防护措施，必要时应采取停电措施（见图 7-6）。

图7-6　起重设备长期靠近架空线路时，应采取隔离防护措施，必要时应采取停电措施

（6）作业时，起重机臂架、吊具、辅具、钢丝绳及吊物等与架空输电线路及其他带电体的距离不得小于《配电安规》表6-1的规定，且应设专人监护。小于《配电安规》表6-1、大于《配电安规》表3-1安全距离时，应制订防止误碰带电设备的安全措施，并经本单位批准。小于《配电安规》表3-1安全距离时，应停电进行。

（7）对在用起重设备，每次使用前应进行一次常规性检查，并做好记录。

三、依据

《国家电网公司电力安全工作规程（配电部分）（试行）》中16.1.3、16.1.5、16.2.1、16.2.2、16.2.4。

第二节　车辆运输未采取防止设备滚落措施

一、主要风险源

车辆运输未采取防止设备滚落措施（见图7-7）。

图7-7　转运设备和材料时客货混装

二、典型控制措施

（1）转运电杆、变压器和线盘应绑扎牢固，并用绳索绞紧。水泥杆、线盘的周围应塞牢，防止滚动、移动伤人。运载超长、超高或重大物件时，物件重心应与车厢承重中心基本一致，超长物件尾部应设标志。严禁客货混装（见图 7-8）。

图 7-8　转运设备和材料时禁止客货混装

（2）装卸电杆等物件应采取措施，防止散堆伤人。分散卸车时，每卸一根之前，应防止其余杆件滚动；每卸完一处，应将车上其余的杆件绑扎牢固后，方可继续运送。

三、依据

《国家电网公司电力安全工作规程（配电部分）（试行）》中 16.3.2、16.3.3。

第三节　人工搬运安全措施不当

一、主要风险源

人工搬运时安全措施不当（见图 7–9）。

图 7–9　人工搬运电杆时，未采取必要的安全措施

二、典型控制措施

（1）搬运的过道应平坦畅通，夜间搬运，应有足够的照明。若需经过山地陡坡或凹凸不平之处，应预先制订运输方案，采取必要的安全措施（见图 7–10）。

图 7–10　人工搬运电杆时，采取必要的安全措施

（2）装运电杆、变压器和线盘应绑扎牢固，并用绳索绞紧。

（3）使用机械牵引杆件上山时，应将杆身绑牢，钢丝绳不得触磨岩石或坚硬地面，牵引路线两侧 5m 以内，不得有人逗留或通过。

（4）多人抬杠，应同肩，步调一致，起放电杆时应相互呼应协调。重大物件不准直接用肩杠运，雨、雪后抬运物件时应有防滑措施。

三、依据

《国家电网公司电力安全工作规程（配电部分）（试行）》中 16.3.1 ～ 16.3.5。

第八章　立（撤）杆塔作业

第一节　立、撤杆塔工作场面混乱

一、主要风险源

立、撤杆塔工作场面混乱，无专人统一指挥（见图 8-1）。

图 8-1　立、撤杆无专人统一指挥

二、典型控制措施

（1）立、撤杆应设专人统一指挥。开工前，应交待施工方法、指挥信号和安全措施（见图 8–2）。

图 8–2 专人统一指挥立、撤杆

（2）居民区和交通道路附近立、撤杆时，应设警戒范围或警告标志，并派专人看守。

三、依据

《国家电网公司电力安全工作规程（配电部分）（试行）》中 6.3.1、6.3.2。

第二节　抱杆、牵引绳等使用不当

一、主要风险源

抱杆、牵引绳等使用不当。

二、典型控制措施

（1）使用倒落式抱杆立、撤杆，主牵引绳、尾绳、杆塔中心及抱杆顶应在一条直线上。抱杆下部应固定牢固，抱杆顶部应设临时拉线，并由有经验的人员均匀调节控制。抱杆应受力均匀，两侧拉绳应拉好，不准左右倾斜。

（2）独立抱杆至少应有四根缆风绳，人字抱杆至少应有两根拉绳并有限制腿部开度的控制绳。所有拉绳均应固定在牢固的地锚上，必要时经校验合格。

（3）缆风绳与抱杆顶部及地锚的连接应牢固可靠；缆风绳与地面的夹角一般应小于45°；缆风绳与架空输电线路及其他带电体的安全距离应大于《配电安规》表6–1的规定。

（4）使用固定式抱杆立、撤杆，抱杆基础应平整坚实，缆风绳应分布合理、受力均匀。

三、依据

《国家电网公司电力安全工作规程（配电部分）（试行）》中6.3.4、6.3.9、14.2.2.1、14.2.2.2、14.2.2.3、14.2.2.4。

第三节　临时拉线安装不当

一、主要风险源

临时拉线安装不当（见图 8–3）。

图 8–3　利用树木或外露岩石作受力桩

二、典型控制措施

（1）不得利用树木或外露岩石作受力桩，一个锚桩上的临时拉线不得超过2根。

（2）临时拉线不得固定在有可能移动或其他不可靠的物体上，临时拉线绑扎工作应由有经验的人员担任（见图8–4）。

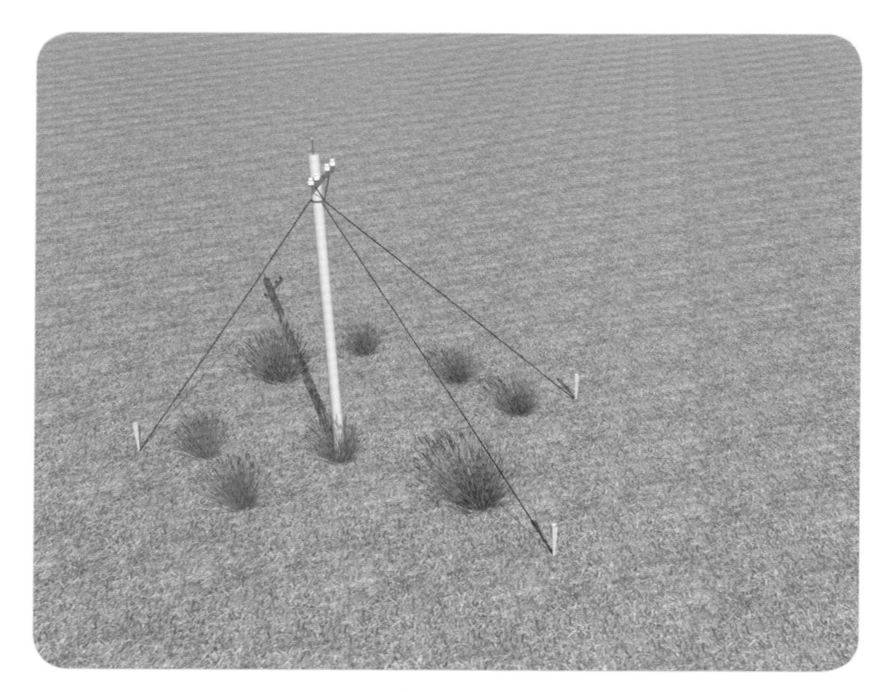

图8-4　临时拉线不得固定在有可能移动或其他不可靠的物体上

（3）杆塔施工过程需要采用临时拉线过夜时，应对临时拉线采取加固和防盗措施。

三、依据

《国家电网公司电力安全工作规程（配电部分）（试行）》中6.3.6。

第四节　现场措施不当

一、主要风险源

现场措施不当（见图 8-5、图 8-6）。

图 8-5　利用已有杆塔立、撤杆，未检查杆塔根部及拉线和杆塔的强度

图 8-6　已经立起的杆塔，未回填夯实即撤去拉绳及叉杆

二、典型控制措施

（1）已经立起的杆塔，回填夯实后方可撤去拉绳及叉杆。

（2）利用已有杆塔立、撤杆，应检查杆塔根部及拉线和杆塔的强度，必要时应增设临时拉线或采取其他补强措施（见图 8-7、图 8-8）。

图 8-7　利用已有杆塔立、撤杆，应检查杆塔根部及拉线和杆塔的强度

图 8-8　已经立起的杆塔，回填夯实后方可撤去拉绳及叉杆

三、依据

《国家电网公司电力安全工作规程（配电部分）（试行）》6.3.7、6.3.8、6.3.12、6.3.13。

第五节　不正确使用氧气、乙炔气

一、主要风险源

不正确使用氧气、乙炔气。

二、典型控制措施

（1）使用中的氧气瓶和乙炔气瓶应垂直固定放置，氧气瓶和乙炔气瓶的距离不得小于5m。

（2）气瓶的放置地点不得靠近热源，应距明火10m以外。

三、依据

《国家电网公司电力安全工作规程（配电部分）（试行）》中15.3.6。

第九章　放（紧、撤）线作业

第一节　未制订施工方案或无专人指挥

一、主要风险源

未制订施工方案或无专人指挥。

二、典型控制措施

（1）放线、紧线与撤线工作均应有专人指挥、统一信号，并做到通信畅通、加强监护。

（2）交叉跨越各种线路、铁路、公路、河流等地方放线、撤线时，应先取得有关主管部门同意，做好跨越架搭设、封航、封路、在路口设专人持信号旗看守等安全措施。

三、依据

《国家电网公司电力安全工作规程（配电部分）（试行）》中 6.4.1、6.4.2。

第二节　紧线、撤线方法不当

一、主要风险源

紧线、撤线方法不当（见图 9–1）。

图 9–1　采用突然剪断导、地线的做法松线

二、典型控制措施

（1）放线、紧线前，应检查导线有无障碍物挂住，导线与牵引绳的连接应可靠，线盘架应稳固可靠、转动灵活、制动可靠。

（2）紧线、撤线前，应检查拉线、桩锚及杆塔。必要时，应加固桩锚或加设临时拉绳。拆除杆上导线前，应先检查杆根，做好防止倒杆措施，在挖坑前应先绑好拉绳。

（3）放线、紧线时，遇接线管或接线头过滑轮、横担、树枝、房屋等处有卡、挂现象，应松线后处理。处理时操作人员应站在卡线处外侧，采用工具、大绳等撬、拉导线。禁止直接拉、推导线。

（4）放线、紧线与撤线时，作业人员不应站在或跨在已受力的牵引绳、导线的内角侧，展放的导线圈内以及牵引绳或架空线的垂直下方。

（5）禁止采用突然剪断导、地线的做法松线（见图 9–2）。

图 9–2　禁止采用突然剪断导、地线的做法松线

三、依据

《国家电网公司电力安全工作规程（配电部分）（试行）》中 6.4.4、6.4.5、6.4.6、6.4.7、6.4.9。

第三节　撤除旧杆、旧线措施不当

一、主要风险源

撤除旧杆、旧线措施不当（见图 9–3）。

图 9–3　随意整体拉倒旧电杆或在电杆上有导线的情况下整体放倒

二、典型控制措施

（1）撤线前，应检查电杆埋设深度，电杆是否完好，电杆有环裂纹或露筋严重时，应加固后作业人员再登杆，并在转角杆、终端杆的承力反方向打好临时拉线。

（2）严禁随意整体拉倒旧电杆或在电杆上有导线的情况下整体放倒（见图9–4）。

图9–4　在电杆上没有导线的情况下才能整体放倒

（3）放、撤导线应有人监护，注意与高压导线的安全距离，并采取措施防止与低压带电线路接触。

（4）作业人员不得在跨越架内侧攀登或作业，并严禁从封架顶上通过；导线通过跨越架时，必须用绝缘绳作引渡，严禁采用由人带线头或抛扔钢丝绳的方法进行；引渡或牵引过程中，跨越架上不得有人。

（5）不得利用树木或外露岩石作受力桩。

（6）临时拉线不得固定在有可能移动或其他不可靠的物体上。

（7）线路施工过程需要采用临时拉线过夜时，应对临时拉线采取加固和防盗措施。

三、依据

（1）《国家电网公司农网防范较大及以上人身伤害事故典型防范措施》（农安〔2011〕64号）。

（2）关于印发《农村配网工程施工作业典型安全措施》的通知（农安〔2010〕50号）。

第四节　邻近带电设备作业，未采取可靠安全措施

一、主要风险源

邻近带电设备作业，未采取可靠安全措施。

二、典型控制措施

（1）放、撤导线应有人监护，注意与高压导线的安全距离，并采取措施防止与低压带电线路接触。

（2）邻近带电线路工作时，人体、导线施工机具等与带电线路的距离应满足《配电安规》表 5–1 规定，作业的导线应在工作地点接地，绞车等牵引工具应接地。

（3）在带电线路下方进行交叉跨越档内松紧、降低或架设导线的检修施工，应采取防止导线跳动或牵引与带电线路接近至《配电安规》表 5–1 规定的安全距离的措施。

（4）作业人员不得在跨越架内侧攀登或作业，并严禁从封架顶上通过；导线通过跨越架时，必须用绝缘绳作引渡，严禁采用由人带线头或抛扔钢丝绳的方法进行；引渡或牵引过程中，跨越架上不得有人。

三、依据

（1）《国家电网公司电力安全工作规程（配电部分）（试行）》中 6.4.8、6.6.4、6.6.5。

（2）《国家电网公司农网防范较大及以上人身伤害事故典型防范措施》（农安〔2011〕64 号）。

第五节 临时拉线安装、拆除不正确

一、主要风险源

临时拉线安装、拆除不正确。

二、典型控制措施

（1）不得利用树木或外露岩石作受力桩。

（2）一个锚桩上的临时拉线不得超过两根。

（3）临时拉线不得固定在有可能移动或其他不可靠的物体上。

（4）临时拉线绑扎工作应由有经验的人员担任。

（5）临时拉线应在永久拉线全部安装完毕承力后方可拆除。

（6）线路施工过程需要采用临时拉线过夜时，应对临时拉线采取加固和防盗措施。

三、依据

《国家电网公司电力安全工作规程（配电部分）（试行）》中6.3.6、6.3.7。

第十章　交叉跨越及邻近带电导线的作业

第一节　未办理相关手续

一、主要风险源

未办理相关手续。

二、典型控制措施

在交叉跨越各种线路、铁路、公路、河流等地方放线、撤线，应先取得有关主管部门同意，做好跨越架搭设、封航、封路、在路口设专人看守等安全措施。

三、依据

《国家电网公司电力安全工作规程（配电部分）（试行）》中 6.4.2。

第二节　施工方案不当

一、主要风险源

施工方案不当。

二、典型控制措施

（1）放、拆线通道中有带电线路和带电设备，应与之保持安全距离，无法保证安全距离时应采取搭设跨越架等措施或停电。

（2）若停电检修的线路与另一回带电线路交叉或接近，并导致工作时人员和工器具可能和另一回线路接触或接近至《配电安规》表 5-1 规定的安全距离以内，则另一回线路也应停电并接地。

（3）在带电线路下方进行交叉跨越档内松线、降低或架设导线的检修及施工，应采取防止导线跳动或过牵引与带电线路接近至《配电安规》表5-1规定的安全距离的措施。

三、依据

《国家电网公司电力安全工作规程（配电部分）（试行）》中6.4.10、6.6.3、6.6.5。

第三节　未设置警示标志、未派专人看守

一、主要风险源

未设置警示标志，未派专人看守。

二、典型控制措施

（1）架、拆线路在跨越公路、铁路、航道等交通要道上应双向设置标志进行警示、隔离。

（2）设专人看管，在交通道口采取无跨越架施工时，应采取措施防止车辆挂碰施工线路。

三、依据

《国家电网公司电力安全工作规程（配电部分）（试行）》中6.4.11。

第四节　邻近带电设备区域作业安全措施不全

一、主要风险源

邻近带电设备区域作业安全措施不全（见图 10-1 ～图 10-4）。

图 10-1　在带电线路下方进行交叉跨越档内松紧、降低或架设导线的检修施工，未采取防止导线跳动或相应的安全措施

图 10-2　邻近带电设备区域作业工作中未使用绝缘无极绳索，风力大于 5 级，未设人监护

图 10-3　柱上变压器台架工作，人体与高压线路和跌落式熔断器上部带电部分未保持安全距离

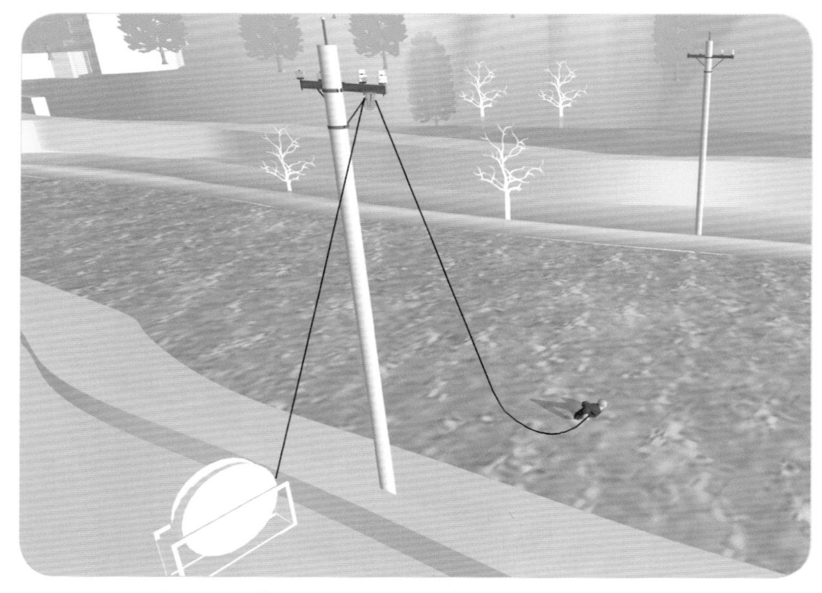

图 10-4　线路跨越江河、水库等作业前，未到现场勘察确定跨越方案

二、典型控制措施

（1）工作中应使用绝缘无极绳索，风力应小于5级，并设人监护（见图10-5）。

图10-5　邻近带电设备区域作业风力应小于5级，并设人监护

（2）邻近带电线路工作时，人体、导线、施工机具等与带电线路的距离应满足《配电安规》表5-1的规定，作业的导线应在工作地点接地，绞车等牵引工具应接地。

（3）柱上变压器台架工作，人体与高压线路和跌落式熔断器上部带电部分应保持安全距离。不宜在跌落式熔断器下部新装、调换引线，若必须进行，应采用绝缘罩将跌落式熔断器上部隔离，并设专人监护（见图 10-6、图 10-7）。

图 10-6　柱上变压器台架工作，人体与高压线路和跌落式熔断器上部带电部分应保持安全距离

图 10-7　在带电线路下方进行交叉跨越档内松紧、降低或架设导线的检修施工，应采取防止导线跳动或相应的安全措施

（4）线路跨越江河、水库等作业前，应到现场勘察确定跨越方案，禁止采用泅渡的方式渡线。

（5）采用船只渡线必须有2人及以上人员，并采取防溺水的措施（见图10–8）。

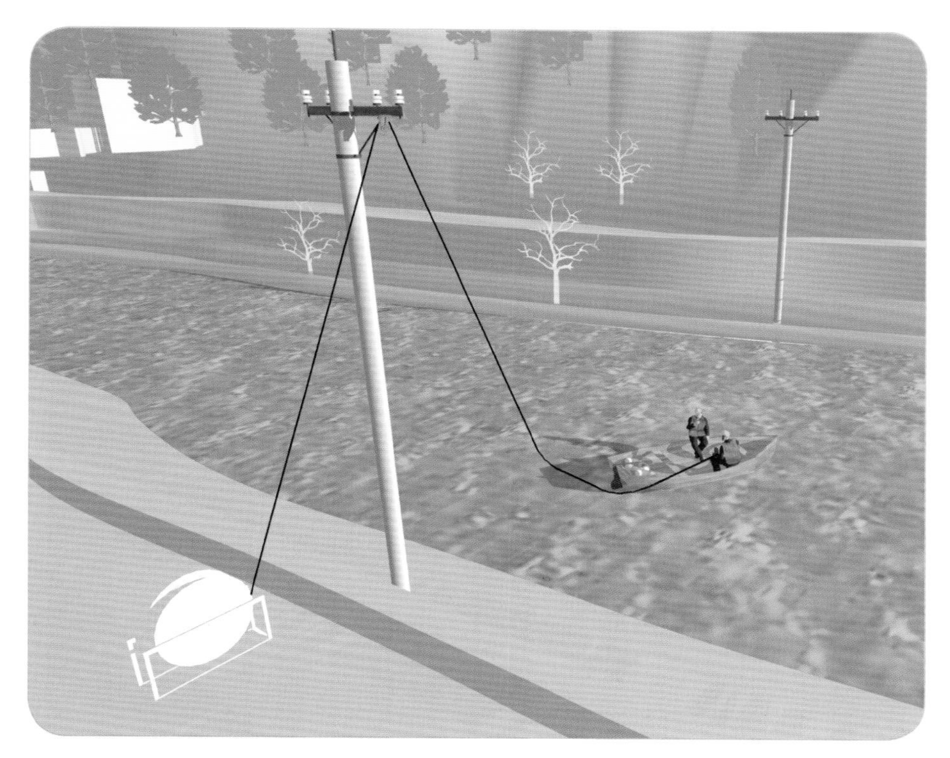

图10–8 采用船只渡线必须有2人及以上人员，并采取防溺水的措施

三、依据

《国家电网公司电力安全工作规程（配电部分）（试行）》中6.6.2，6.6.4，6.6.7、7.1.3。

第五节　搭设跨越架放线作业措施不当

一、主要风险源

搭设跨越架放线作业措施不当。

二、典型控制措施

（1）施工前，应停用被跨越的10（6）kV带电线路的“重合闸”装置。施工期间，若该线路发生故障跳闸时，在未取得施工工作负责人同意前，严禁强送电。

（2）牵引工具及导线应接地，并使用绝缘牵引绳。跨越档相邻两侧杆塔上的放线滑车应使用闭口滑车并可靠接地。

（3）作业过程中，跨越处应有专人看守，看守人与工作负责人应保持通信通畅。

（4）作业人员不得在跨越架内侧攀登或作业，并严禁从封架顶上通过。导线通过跨越架时，应用绝缘绳作引渡，严禁采用由人带线头或抛扔钢丝绳的方法进行；引渡或牵引过程中，跨越架上不得有人。

三、依据

《国家电网公司农网防范较大及以上人身伤害事故典型防范措施》（农安〔2011〕64号）中2.4.3。

第六节　跨越江河措施不当

一、主要风险源

跨越江河措施不当。

二、典型控制措施

（1）线路跨越江河、水库等作业前，应到现场勘察确定跨越方案，禁止采用泅渡的方式渡线。

（2）采用船只渡线必须有 2 人及以上人员，并采取防溺水的措施。

三、依据

《国家电网公司电力安全工作规程（配电部分）（试行）》中 5.1.4。

第十一章　低压接户线及装表接电

第一节　接线顺序及相序错误

一、主要风险源

接线顺序及相序错误。

二、典型控制措施

（1）断、接导线前应核对相线（火线）、零线。断开导线时，应先断开相线（火线），后断开零线。搭接导线时，顺序应相反。禁止人体同时接触两根线头。禁止带负荷断、接导线。

（2）应提前查看低压线路接线及分布，分清电源点和相线、零线，防止因误接线造成短路、触电危险。在三相四线线路上拆、搭头时要分清零线和相线，做好记号。

三、依据

（1）《国家电网公司电力安全工作规程（配电部分）（试行）》中 8.2.1。

（2）关于印发《农村配网工程施工作业典型安全措施》的通知（农安〔2010〕50 号）。

第二节　低压不停电作业防护措施不到位

一、主要风险源

低压不停电作业防护措施不到位（见图 11-1 ～图 11-3）。

图 11-1　低压电气带电工作使用的工具无绝缘柄

图 11-2　带电断、接低压导线无人监护

图 11-3　操作人员接触低压金属配电箱、电表箱前，未验电

二、典型控制措施

（1）低压电气带电工作应戴手套、护目镜，并保持对地绝缘。

（2）低压配电网中的开断设备应易于操作，并有明显的开断指示。

（3）低压电气工作前，应用低压验电器或测电笔检验检修设备、金属外壳及相邻设备是否有电（见图 11–4）。

图 11–4 操作人员接触低压金属配电箱、电表箱前，应先验电

（4）低压电气工作，应采取措施防止误入相邻间隔、误碰带电部分（见图 11–5）。

图 11–5　带电断、接低压导线应有人监护

（5）低压电气工作时，拆开的引线、断开的线头应采取绝缘包裹等遮蔽措施。

（6）低压电气带电工作时，作业范围内电气回路的剩余电流动作保护装置应投入运行。

（7）低压电气带电工作使用的工具应有绝缘柄，其外裸的导电部位应采取绝缘包裹措施；禁止使用锉刀、毛掸等工具（见图 11–6）。

图 11–6　低压电气带电工作使用的工具应良好绝缘

（8）所有未接地或未采取绝缘遮蔽、断开点加锁挂牌等可靠措施隔绝电源的低压线路和设备都应视为带电。未经验明确无电压，禁止触碰导体的裸露部分。

（9）在杆上进行低压带电作业时，宜采用升降板登高，人体与电杆及金属构件接触部位宜用绝缘物进行包裹、隔离。

（10）梯子应坚固完整，有防滑措施。梯子的支柱应能承受攀登时作业人员及所携带的工具、材料的总重量。

三、依据

（1）《国家电网公司电力安全工作规程（配电部分）（试行）》中8.1.1～8.1.9、8.2.1。

（2）关于印发《农村配网工程施工作业典型安全措施》的通知（农安〔2010〕50号）。

第三节　梯子使用不当

一、主要风险源

梯子使用不当（见图 11–7）。

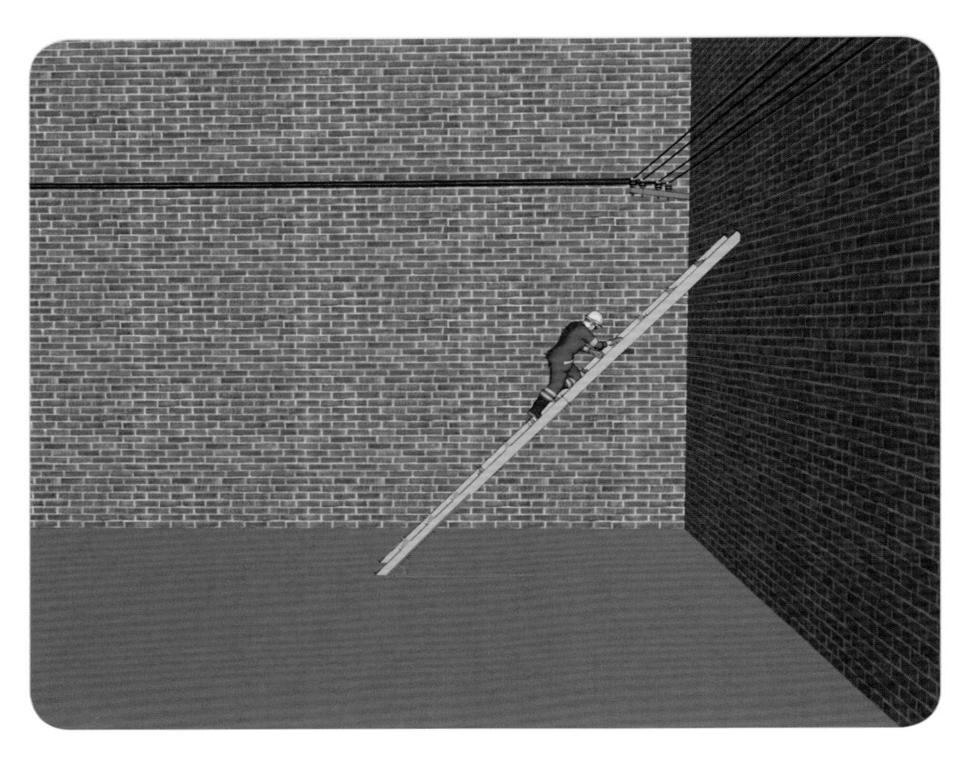

图 11–7　梯子无防滑措施，单人作业

二、典型控制措施

（1）梯子应坚固完整，有防滑措施。梯子的支柱应能承受攀登时作业人员及所携带的工具、材料的总重量。

（2）单梯的横档应嵌在支柱上，并在距梯顶 1m 处设限高标志。使用单梯工作时，梯与地面的斜角度约为 60°。

（3）梯子不宜绑接使用，人字梯应有限制开度的措施。人在梯子上时，禁止移动梯子。

（4）要有专人全过程扶守，不得单人作业（见图 11–8）。

图 11–8　梯子应坚固完整，斜度角约为 60°，应有专人全过程扶守，不得单人作业

三、依据

（1）《国家电网公司电力安全工作规程（配电部分）（试行）》中 17.4.1 ～ 17.4.4。

（2）《农电检修、施工现场“三防十要”反事故措施》（农安〔2006〕27 号）附件。

第四节　作业人员未经许可进入现场，误碰带电设备

一、主要风险源

作业人员未经许可进入现场，误碰带电设备。

二、典型控制措施

（1）工作负责人负责检查工作票所列安全措施是否正确完备，是否符合现场实际条件，必要时予以补充。

（2）操作人员接触低压金属配电箱、电表箱前，应先验电。

（3）低压电气工作，应采取措施防止误入相邻间隔、误碰相邻带电部分。

（4）当发现配电箱、电表箱箱体带电时，应断开上一级电源，查明带电原因，并做相应处理。

三、依据

《国家电网公司电力安全工作规程（配电部分）（试行）》中 3.3.12.2、5.2.9.1、8.1.4、8.2.7。

第五节　无人监护装表接电

一、主要风险源

无人监护装表接电。

二、典型控制措施

（1）工作票签发人、工作负责人对有触电危险、施工复杂容易发生事故的工作，应增设专责监护人，并确定其监护的人员和工作范围。

（2）带电断、接低压导线应有人监护。

三、依据

《国家电网公司电力安全工作规程（配电部分）（试行）》中 3.3.4、8.2.1。

第六节　未采取防相间短路等安全措施

一、主要风险源

未采取防相间短路等安全措施。

二、典型控制措施

（1）工作时，应有防止电流互感器二次侧开路、电压互感器二次侧短路和防止相间短路、相对地短路、电弧灼伤的措施。

（2）电源侧不停电更换电能表时，直接接入的电能表应将出线负荷断开；经电流互感器接入的电能表应将电流互感器二次侧短路后进行。

（3）要做好防止因低压线路裸露部分误碰、误触有线电视、光缆、电话线等线路而造成其线路带电误伤人。

三、依据

（1）《国家电网公司电力安全工作规程（配电部分）（试行）》中 7.4.1、7.4.2。

（2）关于印发《农村配网工程施工作业典型安全措施》的通知（农安〔2010〕50 号）。

第十二章　砍剪树木作业

第一节　树上作业、移位未采取安全措施

一、主要风险源

树上作业、移位未采取安全措施（见图 12–1、图 12–2）。

图 12–1　砍剪树木未采取安全措施

图 12–2　砍剪树木无人监护

二、典型控制措施

（1）砍剪树木应有人监护。

（2）砍剪树木时，应防止蚂蜂等昆虫或动物伤人（见图 12–3）。

图 12–3　砍剪树木应有人监护，应防止蚂蜂等昆虫或动物伤人

（3）上树时，应使用安全带，安全带不得系在待砍剪树枝的断口附近或以上。不得攀抓脆弱和枯死的树枝；不得攀登已锯过或砍过的未断树木（见图 12–4）。

图 12–4　砍剪树木应有人监护，安全带不得系在待砍剪树枝的断口附近或以上

三、依据

《国家电网公司电力安全工作规程（配电部分）（试行）》中 5.3.1、5.3.6、5.3.7。

第二节　未正确使用砍伐工具

一、主要风险源

未正确使用砍伐工具（见图 12–5）。

图 12–5　使用油锯和电锯，未检查所能锯到的范围内有无铁钉等金属物件

二、典型控制措施

使用油锯和电锯的作业，应由熟悉机械性能和操作方法的人员操作。使用时，应先检查所能锯到的范围内有无铁钉等金属物件，以防金属物体飞出伤人（见图12-6）。

图 12-6　事先检查所能锯到的范围，以防金属物体飞出伤人

三、依据

《国家电网公司电力安全工作规程（配电部分）（试行）》中 5.3.9。

第三节　带电设备附近未采取防触电措施

一、主要风险源

带电设备附近未采取防触电措施。

二、典型控制措施

（1）砍剪靠近带电线路的树木，工作负责人应在工作开始前，向全体作业人员说明电力线路有电；人员、树木、绳索应与导线保持《配电安规》中表5-1规定的安全距离。

（2）风力超过5级时，禁止砍剪高出或接近带电线路的树木。

三、依据

《国家电网公司电力安全工作规程（配电部分）（试行）》中5.3.2、5.3.8。

第十三章　线路设备安装（拆除）作业

第一节　登杆塔前未认真检查

一、主要风险源

登杆塔前未认真检查。

二、典型控制措施

登杆塔前，应做好以下工作：

（1）核对线路名称和杆号。

（2）检查杆根、基础和拉线是否牢固。

（3）杆塔上是否有影响攀登的附属物。

（4）遇有冲刷、起土、上拔或导地线、拉线松动的杆塔，应先培土加固、打好临时拉线或支好架。

（5）检查登高工具、设施（如脚扣、升降板、安全带、梯子和脚钉、爬梯、防坠装置等）是否完整牢靠。

（6）攀登有覆冰、积雪、雨水、积霜的杆塔时，应采取防滑措施。

（7）攀登过程中应检查横向裂纹和金具锈蚀情况。

三、依据

《国家电网公司电力安全工作规程（配电部分）（试行）》中 6.2.1。

第二节　杆塔上作业措施不当

一、主要风险源

杆塔上作业措施不当。

二、典型控制措施

杆塔上作业应注意以下安全事项：

（1）作业人员攀登杆塔、杆塔上移位及杆塔上作业时，手扶的构件应牢固，不得失去安全保护，并有防止安全带从杆顶脱出或被锋利物损坏的措施。

（2）在杆塔上作业时，宜使用有后备保护绳或速差自锁器的双控式安全带，安全带和保护绳应分挂在杆塔不同部位的牢固构件上。

（3）上横担前，应检查横担腐蚀情况、联结是否牢固，检查时安全带（绳）应系在主杆或牢固的构件上。

（4）在人员密集或人员通过的地段进行杆塔上作业时，作业点下方应按坠落半径设围栏或其他保护措施。

（5）杆塔上下无法避免垂直交叉作业时，应做好防落物伤人的措施，作业时要相互照应，密切配合。

（6）杆塔上作业时不得从事与工作无关的活动。

三、依据

《国家电网公司电力安全工作规程（配电部分）（试行）》中6.2.3。

第三节　设备安装、拆除作业措施不当

一、主要风险源

设备安装、拆除作业措施不当。

二、典型控制措施

（1）起吊重物前，应由起重工作负责人检查悬吊情况及所吊物件的捆绑情况，确认可靠后方可试行起吊。起吊重物稍离地面（或支持物），应再次检查各受力部位，确认无异常情况后方可继续起吊。

（2）吊运设备过程中应做好防范措施，防止吊臂、吊绳、吊物等与周围带电线路安全距离不足。起吊时应轻起慢放、平稳移动，防止剧烈摆动，必要时增加临时拉绳。

（3）使用链条葫芦吊运变压器前，应检查钢构件等承力部件是否可靠、牢固，变压器与台架固定是否牢固、水平。

（4）搬运 JP 柜时应统一指挥、步调一致，起吊、就位过程中应做好防止侧滑、挤压、砸碰等措施。

三、依据

（1）《国家电网公司电力安全工作规程（配电部分）（试行）》中 16.2.1。

（2）关于印发《农村配网工程施工作业典型安全措施》的通知（农安〔2010〕50 号）。

第四节　电容器未采取充分放电措施

一、主要风险源

电容器未采取充分放电措施。

二、典型控制措施

电缆及电容器接地前应逐相充分放电，星形接线电容器的中性点应接地，串联电容器及与整组电容器脱离的电容器应逐个充分放电。

三、依据

《国家电网公司电力安全工作规程（配电部分）（试行）》中 4.4.11。

参 考 文 献

[1] DL/T 5131—2015 农村电网建设与改造技术导则 .

[2] 国家电网公司 . 国家电网公司电力安全工作规程（配电部分）（试行）. 北京：中国电力出版社，2014.

[3] 国网重庆市电力公司 . 农村电网改造升级工程 10kV 及以下项目标准化管理模板 . 北京：中国电力出版社，2017.